CULTURE
DU PAVOT.

Paris — Typographie de Firmin Didot frères, rue Jacob, 56.

CULTURE

DU PAVOT,

PAR

GUSTAVE HEUZÉ,

Professeur à l'École impériale de Grignon.

Extrait du *Journal d'Agriculture pratique*
(N^os des 5 et 20 mai 1855).

PARIS,

DUSACQ, LIBRAIRIE AGRICOLE DE LA MAISON RUSTIQUE,

RUE JACOB, N° 26.

1855.

CULTURE

DU

PAVOT.

1° *Historique.*

La culture du pavot n'est pas très-ancienne; elle prit naissance en France dans les premières années du dix-huitième siècle; mais pendant longtemps l'huile que ses graines fournissaient fut seulement employée dans l'industrie et les arts, car on la regardait comme nuisible pour la vie humaine. En 1717, le lieutenant-général de police consulta la faculté de médecine afin de savoir si elle contenait un narcotique, ainsi que le disaient ceux qui demandaient qu'elle ne fût pas vendue pure; mais quoique la Faculté eût déclaré que cette huile ne renfermait rien qui pût altérer la santé, et que l'usage devait en être permis, une sentence du Châtelet, en date du 17 janvier 1718, fit défense à tous les marchands d'huile de pavot de mêler celle-ci à l'huile d'olive, sous peine d'une amende de 3,000 livres. Cet arrêt n'empêcha pas les huiliers de continuer de faire leur mélange. De nouvelles plaintes ayant été adressées au chef de la police, celui-ci obtint du Châtelet, le 11 mars 1735 et 6 juillet 1742, de nouveaux arrêts, qui ordonnaient aux marchands de comestibles de jeter dans chaque baril d'huile d'œillette 500 grammes d'essence de térébenthine. Ces arrêts furent confirmés, le 22 décembre 1754, par des lettres patentes que le parlement enregistra le 29 janvier 1755. Ces lettres, qui étaient contraires à l'avis que la faculté de médecine avait donné le 28 juin 1717, puisqu'elles portaient que l'huile d'œillette avait été reconnue de tout temps d'un usage pernicieux, frappèrent vivement l'abbé Rozier. Convaincu que ces arrêts avaient été rendus sur la demande de personnes intéressées, il entreprit une suite d'expériences dans le but de bien constater que l'huile de pavot ne contenait rien de narcotique, rien de dangereux, et lorsque, en 1773, il eut acquis la certitude qu'elle était très-salubre, il s'adressa au lieutenant de police, et lui demanda que la Faculté fût de nouveau consultée. Cette compagnie rendit, le 12 février 1774, un décret qui confirma l'avis qu'elle avait donné cinquante-sept ans auparavant, et la décision rendue le 16 septembre de l'année précédente par le collége des médecins de Lille. Cette sentence donna à Rozier l'occasion de demander de nouveau le retrait des arrêtés qui défendaient l'usage de l'huile de pavot. À force de démarches et de sollicitations, il obtint des lettres patentes permettant la fabrication et la vente de cette huile sans la mélanger avec d'autres substances[1]. Les félicitations que Rozier

(1) *Cours d'agriculture*, t. VII, p. 463.

reçut des agriculteurs le dédommagèrent des persécutions dont il fut l'objet de la part de ceux auxquels les lois fiscales et de prohibition qu'il avait renversées permettaient de réaliser d'immenses bénéfices au détriment de l'agriculture.

C'est sous l'empire de ces arrêts que la culture du pavot s'introduisit dans l'Artois, l'Alsace et la Lorraine; avant cette époque, elle n'était pratiquée qu'en Flandre. En 1820, année durant laquelle périrent un si grand nombre d'oliviers dans le midi de la France, la Société centrale d'agriculture lui imprima une impulsion remarquable, en proposant des prix de 2,000 et 1,000 fr. aux cultivateurs qui la pratiqueraient dans les localités où elle était encore inconnue. La Société d'agriculture pensait avec juste raison que la culture des plantes oléifères, usitée dans le nord de la France, est bien insuffisante pour nous dispenser, quand la récolte des olives n'est pas abondante, de tirer des huiles de l'étranger, et que l'huile de pavot remplace, mieux qu'aucune autre, celle de l'olivier. En 1840, la France importait encore annuellement 36,500,000 kil. d'huile ayant une valeur de 29,500,000 fr.; les exportations, à la même époque, ne s'élevaient pas au delà de 1,100,000 kilog.

Les froids intenses et tout à fait extraordinaires qui ont eu lieu en janvier 1855, dans les contrés du Midi [1], ont gelé un grand nombre d'oliviers. On sait que la plupart périrent

(1) *Journal d'Agriculture pratique*, 1855, t. I, p. 168.

en 1789, année durant laquelle le thermomètre descendit pendant dix-neuf jours à 15°63 au-dessous de 0.

Ces désastres déplorables et l'importance des importations d'huile d'olive nous engagent à vivement insister pour que le pavot, cet olivier du Nord, comme l'appelait Royer[1], soit désormais plus cultivé qu'il ne l'a été jusqu'à ce jour; quand sa culture réussit, il donne un bénéfice net qu'il est difficile d'obtenir par l'intermédiaire du colza. Cette plante a en outre l'avantage de pouvoir remplacer cette dernière oléifère quand elle a été détruite par les gels et les dégels, ou par les alouettes. L'huile comestible qu'elle fournit est connue sous le nom d'*huile blanche*, et aujourd'hui, comme en 1717, on la mélange avec l'huile d'olive dans le but de réaliser, par l'intermédiaire de cette mixtion, de plus grands bénéfices. L'huile de pavot est la seule pour ainsi dire que l'on consomme dans le Nord et l'Est.

2° *Variétés cultivées.*

Le pavot (fig. 1) appartient à la famille des papavéracées; sa racine est pivotante et délicate; sa tige est droite, lisse, cylindrique, rameuse ou ramifiée à 2 ou 3 décimètres du sol, et haute de 1 mètre à 1m.50; ses feuilles sont larges, embrassantes, alternes, incisées, dentées, glabres et glauques; les fleurs, chiffonnées dans le bouton, sont grandes, à quatre pétales planes; les fruits, appelés *têtes de pa-*

(1) *Notes économiques sur la statistique agricole*, p. 223.

Fig. 1. — Plante de pavot œillette

vot ou capsules, sont presque globuleux et couronnés d'un stigmate sessile et étoilé par douze à treize rayons; à leur intérieur (fig. 2),

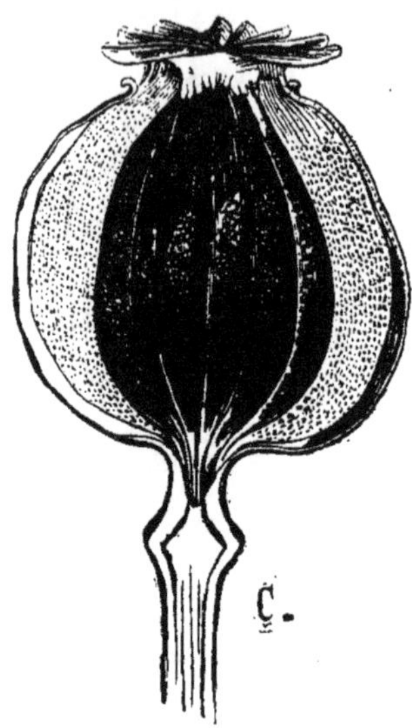

Fig. 2. — Coupe d'une capsule de pavot œillette, de grandeur naturelle.

on remarque des cloisons qui se fendent à la maturité, et qui forment alors autant de lames ou fausses cloisons que le stigmate offre de rayons ou de divisions.

Lorsque les plantes sont vertes, elles ont une forte odeur vireuse peu agréable, et les tiges et les capsules sont gonflées d'un suc propre ordinairement laiteux.

A. La variété la plus cultivée est celle que l'on nomme *pavot œillette*, *oliette*, *pavot gris*, *pavot à fleurs pourprées*, *pavot rouge*, *pavot noir*, *pavot à capsules ouvertes* (PAPA-

VER SOMNIFERUM). Cette variété a des fleurs lilas, blanc rosé avec une tache violet noirâtre à la base des pétales (fig. 3). C'est par

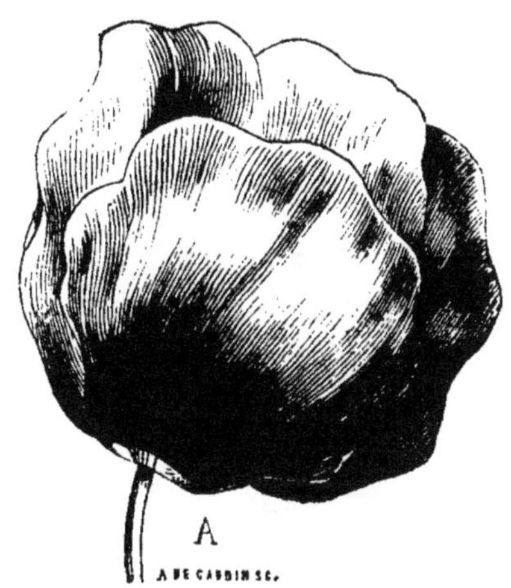

Fig. 3. — Fleur du pavot œillette ordinaire, réduite à la moitié de sa grandeur naturelle.

erreur que Tessier indique que la fleur est rouge [1]. Quant aux capsules (fig. 4), elles offrent à la maturité des opercules ou simples spores sous le disque stigmatifère, et elles prennent une teinte légèrement violacée ou bleuâtre; c'est pourquoi on désigne quelquefois cette variété sous le nom de *pavot bleu*. Thaër dit que le stigmate se détache de lui-même lorsque les semences sont mûres [2]; ce fait n'a lieu que très-accidentellement. Le

(1) *Mémoires de la Société centrale d'agriculture*, 1820, t. I, p. 156.

(2) *Principes raisonnés d'agriculture*, t. IV, p. 274.

plus ordinairement il reste attaché à la capsule sur laquelle il forme une sorte de toit, probablement dans le but de préserver les graines de l'action des pluies. Les semences sont très-petites et nombreuses, et de couleur gris perle foncé. MM. Payen et Richard disent

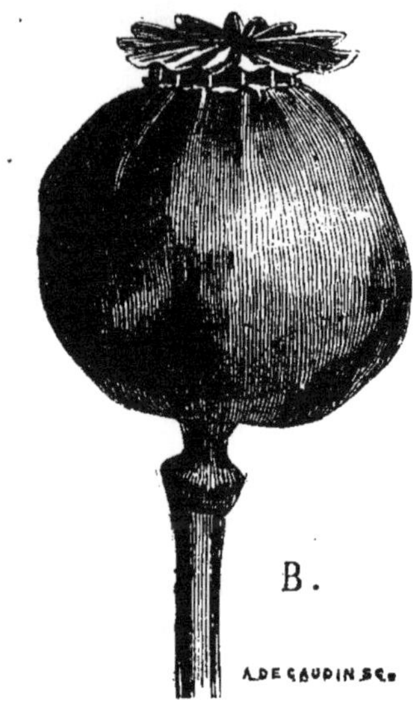

Fig. 4. — Capsule de pavot œillette, de grandeur naturelle.

qu'elles sont noires [1]; cette coloration n'est pas celle que présentent les graines qui ont été bien récoltées. A cause des opercules que possèdent les têtes de cette variété, il faut, autant que possible, qu'elle soit cultivée dans des champs abrités des vents violents.

B. On connaît une variété de pavot gris à

(1) *Précis élémentaire d'agriculture*, t. I, p. 520.

laquelle on a donné les noms de *pavot aveugle*, *œillette aveugle*, *pavot gris sans opercules*, *pavot à capsules fermées* (PAPAVER SOMNIFERUM INAPERTUM). Cette variété n'est cultivée qu'en Alsace et en Allemagne, et la culture du pavot décrite par Thaër la concerne exclusivement : elle diffère de la précédente en ce que ses fleurs sont plus foncées, ses capsules sont plus grosses, et que ces dernières n'offrent pas de valvules sous le disque stigmatifère.

M. Aubergier, de Clermont-Ferrand, a fait connaître dans ces derniers temps que le *pavot rouge pourpre* donnait plus d'opium que le pavot blanc. Cette variété n'est pas, comme l'ont cru quelques personnes, le pavot rouge simple des jardins, car ses capsules sont fermées. M. Belin, qui l'a cultivé à Versailles, l'a reconnu pour être le pavot œillette aveugle.

C. La troisième variété est connue sous le nom de *pavot blanc*, *pavot à fleur blanche*, *pavot médicinal*, *pavot à opium* (PAPAVER SOMNIFERUM CANDIDUM) (fig. 5). Les tiges de ce pavot sont moins ramifiées et produisent moins de têtes ; mais celles-ci, par contre, sont beaucoup plus grosses que celles des deux variétés précédentes. Les fleurs et les graines sont entièrement blanches. Cette variété n'est pas cultivée pour ainsi dire comme plante oléagineuse ; on lui préfère le pavot œillette. Mais, comme l'observe M. Vilmorin, cette préférence est-elle fondée sur une comparaison approfondie ? Il serait utile que des expériences comparatives [1] fussent faites dans

(1) *Bon Jardinier*, 1855, p. 679.

le but de résoudre cette importante question. Jusqu'à ce jour cette variété a été plutôt cul-

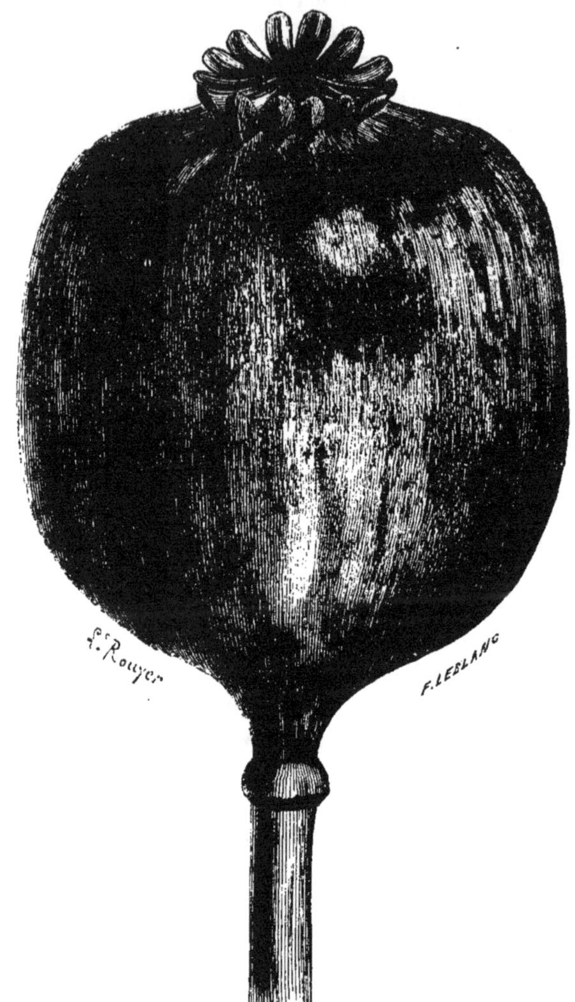

Fig. 5. — Capsule de pavot blanc, de grandeur naturelle.

tivée comme plante médicinale ou dans le but d'extraire l'opium que ses tiges et ses têtes renferment en abondance.

Suivant M. de Gasparin, les graines de pavot contiennent 3.05 d'azote, et les tiges 0.50; les tiges et les têtes arrivées à maturité sont aux semences :: 256 : 100. Analysées par M. Boussingault, les graines ont donné :

Huile	41.0
Matières organiques non azotées..	13.7
— — azotées.....	17.5
Ligneux	6.1
Phosphates et sels	7.0
Eau	14.7
	100.0

3° *Mode de végétation.*

En germant, la graine de pavot donne naissance à deux cotylédons linéaires d'un millimètre de largeur (fig. 6), et qui ont beau-

Fig. 6. — Cotylédons du pavot, de grandeur naturelle.

coup d'analogie avec ceux de la carotte. Les cotylédons du *pavot œillette* sont soutenus par une tigelle rougeâtre, et ils ont une couleur vert noirâtre; leur longueur varie de 7 à 8 millimètres. Ceux du *pavot blanc* sont d'un beau vert tendre, et la tigelle qui les soutient est blanc verdâtre; leur longueur varie entre 5 et 6 millimètres.

En général, les jeunes plantes ont une jeunesse lente, mais lorsqu'elles ont atteint de 0m.20 à 0m.30 de hauteur, elles montent vite, surtout si l'atmosphère est à la fois chaude et humide, et elles fleurissent ordinairement vers le quatrième mois qui suit la germination. Quant à la récolte, elle a lieu six semaines ou deux mois après la floraison. Ainsi, les plantes qui proviennent de semis pratiqués à la fin de l'hiver accomplissent toutes leurs phases d'existence dans un laps de temps qui varie entre le cinquième et le sixième mois. D'après les remarques de M. de Gasparin, le pavot exige pour mûrir 2,300 degrés de chaleur totale depuis l'apparition des cotylédons à la surface de la terre[1]; la fève en exige 2,500.

4° Conditions climatériques.

Le pavot doit être regardé comme une plante que l'on peut multiplier sous tous les climats. Selon Burger, on le cultive en Carinthie, à plus de 1,000 mètres au-dessus de la mer[2]. Toutefois, s'il résiste bien aux gelées à glace, il redoute un excès d'humidité et surtout les dégels. C'est pourquoi on le sème de préférence au printemps dans les contrées du nord de la France. Mais comme il craint, lorsqu'il est jeune, le printemps et principalement les étés secs, on se trouve dans la nécessité, dans les provinces du midi de l'Europe, de pratiquer les semailles en automne. Ainsi cultivé, il supporte très-bien, dans le

(1) *Cours d'agriculture*, t. IV, p. 159.
(2) *Économie rurale*, p. 252.

midi et en Algérie, les fortes chaleurs de mai et de juin. Sous le climat de Paris, les boutons apparaissent en juin, et les fleurs s'épanouissent en juillet. Dans le Midi, c'est en mai qu'a lieu la floraison.

5° *Nature et préparation du sol.*

Il est peu de plantes agricoles qui soient aussi difficiles que le pavot sur la nature et la préparation du sol sur lequel il peut être cultivé. Il demande une terre très-propre, profonde, un peu légère, douce, calcaire-argileuse, calcaire-siliceuse et substantielle ; il réussit très-bien sur les alluvions riches. Dans les sols légers, il ne trouve pas assez de fraîcheur pendant les fortes chaleurs, et presque toujours il y manque de fixité. Mais ces terres ne sont pas les seules sur lesquelles sa réussite soit très-incertaine; les sols à sous-sols imperméables, les terrains humides et les sols très-argileux lui sont aussi peu favorables. A Hohenheim, dit Royer, on a cessé de le cultiver à cause de la nature forte des terres [1].

Quelle que soit la nature des terrains sur lesquels le pavot doit être cultivé, il est indispensable que la couche arable soit parfaitement préparée. On donne ordinairement aux terres un labour d'hiver, et cette opération est suivie après les gelées à glace par un second et même un troisième labour si la nature du sol l'exige. En général, les terres qui ont supporté précédemment une récolte de betteraves, de carottes, de chanvre ou de ta-

(1) *Agriculture allemande*, p. 61.

bac, peuvent être très-bien préparées par deux labours, si le premier a été exécuté en automne, aussitôt après les ensemencements des céréales d'hiver.

Comme la terre doit être très-meuble ou aussi pulvérulente que possible à l'époque des semailles, à cause de la finesse de la graine, on n'exécute le dernier labour que vers la fin de février, en ayant soin de le pratiquer par un temps sec. Cette opération doit être suivie par un ou deux hersages exécutés aussi par un beau temps. C'est en préparant ainsi la terre que l'on parvient à ameublir le plus possible sa surface. Dans le nord de la France, on regarde comme essentiel pour la réussite de l'œillette, rapporte M. Rendu, d'ameublir complétement la superficie des terres, tout en laissant le fond ferme [1], probablement dans le but de permettre aux plantes d'avoir, par l'intermédiaire de leurs racines, une plus grande fixité, et de mieux résister par conséquent à l'action des vents violents.

6° *Fertilité du sol et engrais nécessaires.*

Le pavot a été regardé par plusieurs agriculteurs comme une plante peu épuisante. Les faits que la pratique a permis de recueillir ne confirment pas cette observation ; ils obligent au contraire de dire qu'il faut le considérer comme très-exigeant par rapport à la fertilité du sol. C'est pourquoi on ne doit le cultiver que sur des terres riches, en période commerciale, et fertilisées par une bonne fu-

(1) *Agriculture du Nord*, p. 249.

mure. Dans les sols pauvres, la valeur de son produit excède bien rarement les dépenses que nécessite sa culture.

Selon Crud, 100 kilog. de graines enlèveraient au sol 909 kilog. de fumier, et 1 hectolitre du poids de 66 kilog. 600 kil. MM. Girardin et Dubreuil adoptent ces derniers chiffres, et croient qu'une fumure de 13,200 kil. doit produire une récolte de 22 hectolitres par hectare[1]. M. de Gasparin considère le pavot comme plus épuisant. D'après ses observations,

	Azote.
100 kilog. de graines renferment.	3.05
256 — de tiges renferment...	1.26
	4.31

quantité qui représente 1,077 kilogr. de fumier dosant 0.40 d'azote ; mais comme le pavot ne prend, suivant M. de Gasparin, que les 0.27 de l'engrais, c'est 3,990 kilogr. qu'il faudrait appliquer pour obtenir 100 kilogr. de graines. Si l'hectare pouvait produire 30 hectolitres, la fumure à répandre sur cette superficie s'élèverait donc à 68,840 kilogr. ; sur cette quantité, le pavot enlèverait seulement 18,580 kilogr., et il resterait dans le sol 50,260 kilogr. de fumier.

Dans la pratique, la fumure que l'on applique pour cette oléagineuse est bien moins considérable. En Flandre, on répand par hectare, quand on n'emploie pas de fumier et d'engrais flamand, 1,500 kilogr. de tourteau de colza. Comme cette fumure permet d'obtenir 1,200

(1) *Cours élémentaire d'agriculture*, t. II, p. 305.

kilogr. de graines, il en résulte que 100 kilogr. peuvent être produits par 125 kilogr. de tourteau dosant, d'après M. Soubeiran, 5.55 d'azote et équivalant à 1,387 kilogr. de fumier. A Grignon, le pavot vient après une fumure de 30 hectolitres ou 2,100 kilogr. de poudrette, et produit en moyenne, par hectare, 16^{hect}.50 ou 1,000 kilogr. de graines. Comme la poudrette contient en moyenne 1.77 pour 100 d'azote, cette fumure doit être regardée comme équivalente à 9,300 kilogr. de fumier dosant 0.40 d'azote. Cette quantité explique pourquoi les récoltes de pavot, à Grignon, ne sont pas plus élevées. M. Kossobudzki dit qu'avec 1,000 à 1,200 kilogr. de tourteau on peut espérer une récolte de 18 hectolitres par hectare[1] : une telle fumure serait certainement insuffisante si la terre n'était pas substantielle. Je reste convaincu qu'il faut appliquer 1,000 à 1,200 kilogr. de fumier par chaque 100 kilogr. de graines que la nature du sol permet d'espérer. Ainsi, pour obtenir une récolte de 20 hectolitres ou 1,200 kilogr., la fumure devrait être de 12,000 à 15,000 kilogr. de fumier. Dans le cas où cette culture serait suivie, comme cela a souvent lieu, par un froment d'hiver pouvant produire 24 hectolitres ou 1,920 kilogr. par hectare, la quantité de fumier à répandre serait de 25,000 à 30,000 kilogr.

Toutes choses égales d'ailleurs, l'engrais à appliquer doit être riche en azote, et on doit éviter d'employer ceux qui se décomposent très-vite ou très-lentement, parce que la végétation du pavot s'accomplit entièrement, comme je l'ai dit précédemment, dans l'espace de six mois environ.

7° *Semailles; époque, quantité de graines et exécution.*

Les semis de pavots se font vers la fin de février, en mars, et en dernier lieu dans la première quinzaine d'avril dans la région septentrionale de la France. Crud conseille de répandre la graine sur la neige [1]; cette méthode, proposée par Thaër, réussit bien rarement. On a dit qu'on pouvait aussi exécuter les semailles jusqu'en mai; mais des semis faits à une époque aussi tardive sont presque toujours incertains. En général les semis hâtifs sont ceux qu'il faut pratiquer de préférence, parce que les plantes sont toujours plus développées quand arrivent les grandes chaleurs, et qu'elles donnent, en outre, plus de graines. Cependant on se tromperait si on pensait, avec Mathieu de Dombasle, qu'il faut de toute nécessité semer le pavot avant le 1er mars [2].

Dans le Midi et en Algérie, les semis se font en octobre ou dans les premiers jours de novembre. Si on les pratiquait à la fin de l'hiver, les plantes n'auraient pas assez de force pour résister aux hâles ou aux sécheresses de mars ou d'avril [3].

Il y a quelques années on semait encore les pavots à la volée; aujourd'hui la graine est généralement répandue en lignes parallèles,

(1) *Économie d'agriculture*, t. II, p. 107.
(2) *Calendrier du bon cultivateur*, p. 40.
(3) *Annales de Grignon*, 16e livraison, p. 25.

distantes les unes des autres de $0^m.40$ à $0^m.60$. En pratiquant ainsi les ensemencements, on rend les cultures d'entretien plus faciles à exécuter et moins dispendieuses. Mathieu de Dombasle, en 1821, regrettait de n'avoir pu adopter ce mode de culture qui devait, disait-il, diminuer beaucoup les frais de main-d'œuvre [1].

Les semis en lignes se font au moyen, 1° d'un semoir à cheval; 2° d'un semoir à brouette; 3° d'une bouteille; 4° de la main.

Quand les graines doivent être répandues à l'aide d'un semoir à brouette ou avec la main, on doit rayonner préalablement le sol. Ce travail s'exécute à l'aide d'un rayonneur traîné par un cheval au moyen du rayonneur Le Docte ou d'un cordeau et d'un traçoir. Toutefois, comme la graine de pavot est très-fine, et qu'elle doit être légèrement recouverte, il est utile de ne tracer que des sillons petits et superficiels.

Quand les semis ont lieu à la volée, on répand par hectare 4 à 5 litres ou 2 à 3 kilog. de semences.

Les semailles en lignes exigent moins de graines. On doit en répandre, suivant:

De Gasparin.	$2^k.500$	Moll...	$1^k.500$ à 2 kil.
Vilmorin....	2 à 2 . 500	Rendu.	2 litres.

Schwerz recommande d'employer aussi peu de graines que possible, 168 à 338 grammes (12 à 24 loth.) par hectare [2]; cette faible quantité non-seulement est insuffisante, mais

(1) Mémoires de la Société d'agriculture, 1822, t. I, p. 372.

(2) *Cultures des plantes économiques*, p. 129.

il serait presque impossible de la répandre avec régularité.

M. Louis Vilmorin a constaté les faits suivants :

	Poids du litre.	Graines dans un litre.
Pavot œillette...	620 gram.	1,091,000
— blanc.....	600	1,572,000

Lorsque les graines sont semées à l'aide d'un semoir à cheval, du semoir de Grignon, par exemple, il n'est pas nécessaire ensuite de les recouvrir, puisque les tubes les conduisent jusque dans la couche arable. Il n'en est pas de même pour les semis faits avec le semoir à brouette de Dombasle, à l'aide de la main ou d'une bouteille (fig. 7); il faut

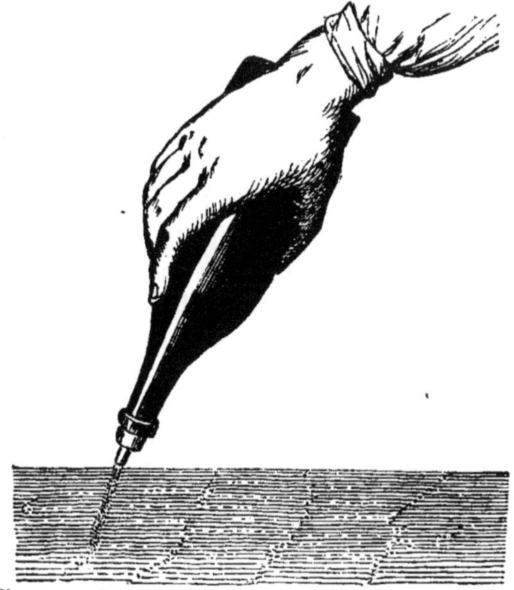

Fig. 7. — Bouteille servant à répandre les graines dans les rayons.

pratiquer après le semis un hersage léger, un râtelage ou un roulage. On peut aussi faire passer sur toute la surface ensemencée un fagot d'épines ou une herse milanaise (fig. 8).

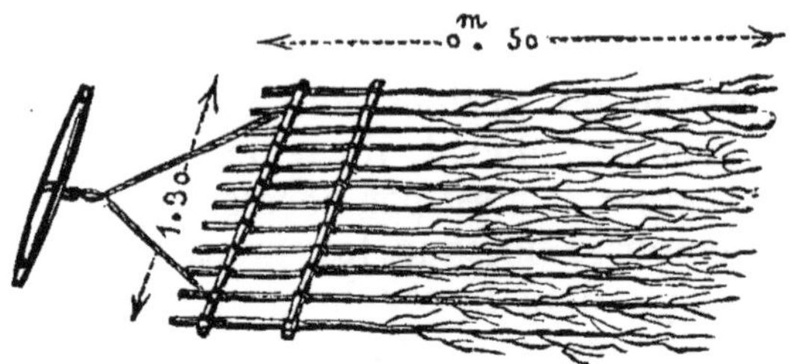

Fig. 8. — Herse milanaise ou herse formée de branches d'épine blanche.

Le semoir à brouette de Dombasle est représenté par les figures 9 et 10, dont voici la légende : E, E limons ; *b*, *b* manchons ; A compartiment dans lequel on dépose la graine ; S vanette servant à régler le passage de la graine dans le compartiment B ; N, N arbre de couche sur lequel est fixé le disque portant les cuillers *r*; *l*, *l*, *l* plans inclinés conduisant la graine dans les cuillers ; *o* poulie sur laquelle s'enroule la chaîne *p* qui est mise en mouvement par la roue *u* et qui fait tourner l'arbre de couche ; *m*, *m* plans inclinés conduisant la graine projetée par les cuillers dans le tube F ; C compartiment destiné à recevoir les cuillers de rechange, les clavettes et le marteau ; G pied du semoir.

Quand on prévoit, après la semaille, une pluie prochaine, ce qui est très-rare parce que les semis doivent être faits par un très-beau temps et lorsque la terre est très-meuble et sèche, on peut se dispenser de couvrir les graines. Souvent, pour rendre les semailles

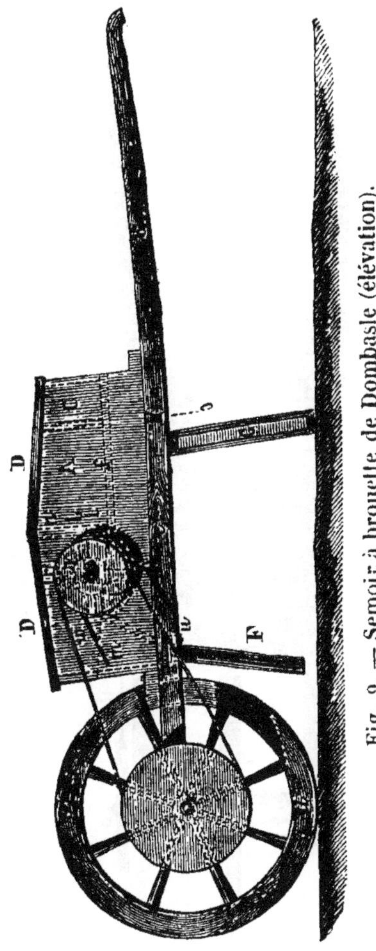

Fig. 9. — Semoir à brouette de Dombasle (élévation).

à la main plus faciles et plus régulières, on mêle les semences à deux ou trois fois leur volume de sable, de terre sèche tamisée ou de cendres de foyer. Ces semis doivent être

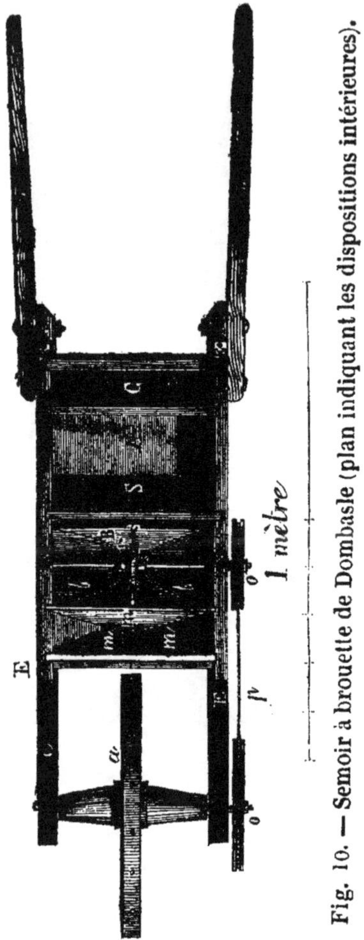

Fig. 10. — Semoir à brouette de Dombasle (plan indiquant les dispositions intérieures).

faits par un temps calme, afin que la graine ne tombe pas au delà des rayons qui doivent la recevoir.

On fait une bonne opération toutes les fois qu'on peut répandre un engrais pulvérulent, d'une prompte solubilité, concurremment avec les graines. Cet engrais a ce grand avantage qu'il excite la végétation des jeunes plantes et les rend plus aptes à résister aux premières chaleurs ou sécheresses du printemps et à l'envahissement du sol par les mauvaises herbes.

8° *Cultures d'entretien; binages et éclaircissages.*

Les cotylédons du pavot apparaissent à la surface du sol quand la température est en moyenne à 10° au-dessus de zéro, au bout de quinze à vingt jours. Comme toutes les plantes agricoles dicotylédonées à cotylédons très-étroits, la première végétation du pavot est très-lente. Ce n'est qu'un mois environ après l'apparition de ces feuilles séminales que les plantes commencent véritablement à se développer. Quand elles ont de 3 à 5 feuilles, ou $0^m.05$ à 0^m08 de hauteur, on leur donne un premier binage. Cette opération est très-difficile à exécuter; mais elle est indispensable, car le pavot redoute les mauvaises herbes. Elle doit être sans cesse surveillée et confiée à des ouvriers habiles et intelligents; et il importe beaucoup que ceux-ci ménagent les jeunes plants. C'est que le pavot a une racine très-délicate, qu'il languit et meurt lorsque cet organe a été attaqué par le fer des outils que l'on emploie pour pratiquer les binages, et que, supportant très-difficilement la plantation, on ne peut pas remplacer les pieds qui ont été détruits, ou combler les lacunes que peuvent offrir les lignes çà et là. Ce premier binage est le travail qui a le plus d'importance; c'est de son exécution que dépend presque toujours la réussite de la culture.

Lorsque les plants ont de 0m.10 à 0m.15 d'élévation, on procède à l'enlèvement des pieds superflus. Cet éclaircissage est nécessaire si on veut obtenir des pieds bien branchus et des capsules plus grosses et mieux remplies. Quand les plantes sont nombreuses, qu'elles se touchent toutes, les pieds se développent très-difficilement, et ils donnent ordinairement de très-petites têtes. C'est souvent lorsqu'on pratique le deuxième binage que l'on exécute cette opération, qui se fait à l'aide d'une binette. Pratiquée à la main, elle serait longue et très-coûteuse.

L'espacement à conserver entre les pieds est, suivant

	m.		m.		m.
Cordier, de...	0.20	Vilmorin .	0.16	à	0.20
Rendu.......	0.16	Thaër....	0.16		
Schwerz	0.30	Thiriot...	0.12	à	0.15.

Ces différences ont pour cause unique la fertilité du sol où la culture du pavot a été observée. En général, l'espacement entre les pieds est d'autant plus grand que la couche arable est plus fertile; mais il y a bien peu de cultivateurs qui éclaircissent les pavots de manière à ce que les pieds soient éloignés les uns des autres de 0m.30, comme le propose Schwerz, ou de 0m.40 à 0m.50, ainsi que le recommandent MM. Payen et Richard. Les plantes trop espacées sont plus sujettes à être renversées par les vents.

Quant au troisième binage, qu'il faut regarder comme une opération accidentelle, parce que les deux premiers suffisent ordinairement pour détruire les herbes qui pourraient nuire aux pavots, on doit l'exécuter avant que les plantes aient plus de $0^m.30$ de hauteur, afin que les ouvriers ne brisent pas les ramifications et les boutons.

Souvent, lors du dernier binage, soit le deuxième ou le troisième, on butte légèrement les pavots dans le but d'augmenter leur fixité et pour qu'ils résistent mieux aux vents violents, et on arrache les pieds maladifs, ceux qui ont une couleur jaunâtre.

Lorsque les lignes sont espacées les unes des autres de $0^m.40$ et les plantes de $0^m.20$ à $0^m.25$, on paye ordinairement par hectare :

Le premier binage.......	35 fr.
Le deuxième............	15 à 18 fr.

9° *Animaux et agents atmosphériques nuisibles.*

Les feuilles, les tiges et les fleurs du pavot ne sont attaquées pendant leur développement par aucun insecte. Il n'en est pas de même des racines ; celles-ci ont un ennemi dans le ver blanc qui les ronge et occasionne alors la mortalité des pieds qu'il a attaqués. Dans certaines années cette larve fait assez de mal aux cultures.

Suivant M. le Docte, le grand ennemi du pavot serait le mulot [1] ; cet animal rongerait les tiges à leur base et les ferait ainsi tomber pour s'attaquer ensuite aux capsules. Ce fait,

(1) *Culture des plantes oléagineuses*, p. 77.

déjà signalé par Schwerz et Thaër, n'a pas encore été observé par les cultivateurs des départements du Nord, comme ayant de fâcheuses conséquences. Jusqu'à ce jour, en effet, on n'a pas dit que les mulots causassent beaucoup de dégâts dans les cultures de pavots de la Flandre et de l'Artois.

Les pigeons et les tourterelles ne s'attaquent jamais aux pavots, quoiqu'on ait avancé le contraire.

Les vents violents, lorsqu'ils se font sentir à l'époque de la maturité des graines, sont toujours très-pernicieux : ils renversent les tiges ou les agitent fortement et font sortir alors beaucoup de graines des capsules quand on cultive la variété ayant des têtes munies d'opercules. En 1830, des vents impétueux venus quelques jours avant la récolte occasionnèrent à M. Rousseau, cultivateur à Angerville (Seine-et-Oise), des pertes telles qu'il récolta à peine 8 hectolitres de graines à l'hectare [1]. On évite souvent de semblables pertes en arrachant les tiges avant la maturité complète des têtes principales.

10° *Récolte ; époque et mode d'opération.*

La récolte du pavot a lieu en août dans les contrées du Nord et de l'Est et on la pratique en juin dans celle du Midi.

Toutes les têtes ne mûrissent pas en même temps ; néanmoins on arrache quand les capsules qui proviennent des premières fleurs, et qui sont les plus supérieures, sont en partie

(1) *Mémoires de la Société d'agriculture*, 1831, p. 103.

sèches ; alors, les feuilles sont flétries, les tiges sont desséchées et jaunâtres, et les graines sont libres et résonnent dans les têtes lorsqu'on agite celles-ci. Cordier recommande de laisser les plantes sur pied jusqu'à ce que les graines soient grises [1] ; ce conseil ne doit pas être suivi. Si l'on attendait pour opérer les récoltes que les opercules de toutes les capsules fussent ouvertes, on pourrait perdre beaucoup de graines par l'égrenage. On ne peut agir ainsi que lorsqu'on cultive l'œillette aveugle ou le pavot blanc. Par contre, lorsque la récolte a lieu trop tôt, les graines restent presque toujours rougeâtres.

La récolte s'opère de diverses manières, suivant la variété que l'on a adoptée.

A. Quand on cultive *le pavot à capsules ouvertes*, on examine d'abord les parties du champ sur lesquelles la maturité est plus avancée, et c'est sur ces endroits que l'on doit de préférence commencer l'arrachage. Les ouvriers qui exécutent le travail portent suspendue à leur côté gauche, au moyen d'une petite corde ou d'une lanière de cuir, de la paille de seigle humectée, afin qu'elle forme des liens moins cassants. Cette paille doit avoir de $0^{m}.60$ à $0^{m}.70$ de longueur.

Lorsque les ouvriers sont munis de paille, ils saisissent par la main droite toutes les tiges provenant d'un même pied aux deux tiers de sa hauteur, et arrachent ce dernier aussi verticalement que possible. Quand la terre est légère ou qu'elle a été détrempée par des pluies, cet arrachage se fait très-facilement

(1) *Agriculture de la Flandre française*, p. 329.

il n'en est pas de même quand le sol est un peu argileux ou qu'il a été durci par le soleil; alors on se trouve dans la nécessité, après avoir saisi toutes les tiges, de donner un coup de pied à la partie inférieure de la plante que l'on veut arracher. Comme le pavot est presque sec, ce coup casse la tige principale au collet et évite que la main de l'ouvrier ne facilite la chute d'une certaine quantité de graines. On comprend combien il est utile que l'opérateur évite, pendant cette rapide cassure, d'incliner ou de secouer violemment les capsules. C'est en roidissant son bras qu'il parvient à maintenir les tiges très-droites ou verticales.

Au fur et à mesure que l'ouvrier opère, il maintient à l'aide de son bras gauche tous les pieds contre lui-même. Lorsque les plantes arrachées forment une forte poignée, il prend celle-ci à l'aide de ses deux mains, l'appuie sur le sol, saisit trois à quatre brins de paille, lie toutes les tiges au-dessous des capsules les plus inférieures et remet ensuite la botte à l'aide qui l'accompagne.

Cet aide est chargé de la confection des faisceaux ou des chaînes. Il seconde ordinairement deux ou trois ouvriers arracheurs.

Dans ces derniers temps, on a beaucoup insisté pour que les poignées ou petites bottes fussent disposées suivant des lignes courant selon la longueur ou la largeur du champ, et que l'on formerait en appuyant deux poignées l'une contre l'autre, de manière à ce qu'elles présentassent une section analogue à un V renversé (Λ). Cette disposition est mauvaise et doit être abandonnée. Si elle a l'avantage de permettre au soleil et à l'air de mieux agir sur les tiges et les capsules et de rendre la maturité plus rapide, elle a d'abord l'inconvénient d'être difficile à exécuter, parce qu'il n'est pas facile de maintenir inclinées deux poignées sans autre appui que celui qu'elles trouvent sur le sol, ensuite parce qu'elle résiste bien rarement à l'action du vent. Aussi se trouve-t-on souvent dans la nécessité, quand on suit ce procédé, de relever chaque jour un nombre plus ou moins grand de poignées que le vent a renversées et qui ont laissé échapper une partie des graines que leurs capsules renfermaient.

La méthode la plus facile et la plus prompte, celle qui offre au cultivateur le plus de sécurité, consiste à disposer les poignées en *faisceaux* ou en *monts*. Pour confectionner un faisceau on place trois poignées sur un endroit donné du champ, de manière à ce que leurs têtes s'appuient mutuellement et que leurs bases soient éloignées les unes des autres de $0^{m}.65$ environ. On peut remplacer ces trois poignées par un pieu implanté dans le sol. Une fois les trois petites bottes disposées en forme de trépied, on adosse contre elles d'autres poignées en les disposant de manière à ce qu'elles forment des rangées concentriques et obliques à la ligne de terre. Cette obliquité est nécessaire pour que les poignées formant la rangée la plus externe ne soient pas renversées par le vent. On leur donne plus de solidité encore en entourant les faisceaux d'un grand lien ou en jetant avec une bêche un peu de terre au pied des poignées qui limitent son diamètre. On peut ainsi réunir jusqu'à 60, 80 et même 100 petites bottes de pavot si le temps est beau. Dans les années pluvieuses, les faisceaux ayant un très-grand diamètre ne sont pas toujours très-avantageux, car les tiges conservent plus longtemps l'humidité, ce qui empêche le battage d'avoir lieu aussitôt.

Lorsque tous les pavots ont été arrachés et mis en faisceaux, on les abandonne à eux-mêmes. Je dois faire observer qu'il n'est pas rare, quand les pavots offrent de grandes différences dans leur végétation, qu'on soit obligé de faire l'arrachage en deux ou trois fois.

Le battage (fig. 11) a lieu dix à quinze jours après l'arrachage. Pour exécuter cette opération, qui ne doit être faite que par un beau temps et après la disparition de la rosée, on place près d'un des faisceaux une cuve à lessive, alors un ouvrier reçoit d'une femme ou d'un enfant une poignée, l'*incline*, la *plonge* dans le cuveau et la frappe de petits coups secs avec un bâtonnet de $0^{m}.40$ à $0^{m}.50$ de longueur et de $0^{m}.03$ environ de diamètre, en ayant soin pendant cette opération, qui dure peu, de la retourner sur elle-même plusieurs fois. Quand il ne sort plus de graines par les opercules, l'ouvrier remet la poignée à l'aide qui l'accompagne et en reçoit une autre pour la battre comme la première. Pendant que l'ouvrier bat cette seconde poignée, l'aide doit placer celle battue sur un endroit un peu éloigné du faisceau, mais à sa portée. C'est que, vu l'impossibilité d'extraire par un seul battage toutes les graines que

Fig. 11. — Battage du pavot œillette ordinaire.

contiennent les têtes, on se trouve dans la nécessité de mettre de nouveau toutes les tiges en tas, pour les battre une seconde fois quelque temps après. On ne peut se soustraire à cette manière d'opérer qu'en renonçant aux graines qui adhèrent encore aux fausses cloisons des capsules.

Quand, pendant le battage, les graines remplissent à moitié le cuveau, il faut les enlever et les mettre dans des sacs. Si la cuve n'était vidée que lorsque les graines la remplissent presque complétement, l'ouvrier ne pourrait plus abaisser assez bas la tête de la poignée, et une partie de la graine tomberait sur le sol.

Les ouvriers habitués à cette opération ne se servent pas toujours d'un bâton pour faciliter la sortie des graines des capsules; souvent ils saisissent deux poignées, une par chaque main, les *plongent* dans les cuves, appuient leurs parties inférieures entre leurs côtes et leurs bras et les frappent l'une contre l'autre. Cette manière d'agir est plus expéditive, mais elle demande de la part des ouvriers qui la pratiquent plus d'habitude et de dextérité.

Lorsque les bottes qui composent les premiers faisceaux ont toutes été battues et remises en tas, les ouvriers transportent la cuve près du faisceau suivant à l'aide d'une civière ou d'une brouette ordinaire à civière et continuent le battage.

A défaut de cuves à lessive, on peut se servir de civière à colza (fig. 12) dont l'intérieur a été garni d'un drap ou d'une toile.

Il est utile, dans les temps orageux, de munir les ouvriers de bâches, afin qu'ils puissent garantir d'une pluie intempestive les graines mises en sac et celles qui existent dans les cuves.

Quand les faisceaux reformés sont restés

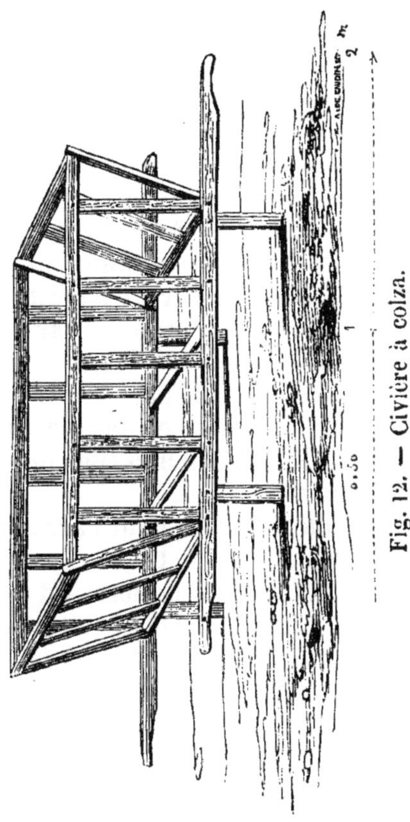

Fig. 12. — Civière à colza.

pendant six à huit jours exposés à l'action de l'air et du soleil, on procède à un nouveau battage. Cette seconde opération est beaucoup plus expéditive que la première; ce fait résulte de ce que les capsules ne contiennent que très-peu de graines et qu'il n'est plus nécessaire de remettre les poignées en tas. Ce deuxième battage fournit souvent plus de deux hectolitres par hectare dont la valeur suffit bien au delà pour payer les ouvriers.

Schwerz conseille d'agir autrement. Ainsi il recommande de prendre des sacs et d'y secouer les têtes les plus développées et les plus mûres. Une fois cette opération terminée, on arracherait les tiges et on les mettrait en tas pour qu'elles y achèvent leur maturation. Ce procédé peu pratique, à cause de la rigidité des tiges, ne peut être adopté que lorsque l'œillette est cultivée sur une petite étendue. Il avait été, du reste, proposé par Yvart qui a aussi conseillé de couper les têtes arrivées à maturité, et de les transporter à couvert dans des sacs pour les vider en les secouant et en les brisant[1]. Ce procédé n'est pas plus pratique que le précédent.

On paye, par hectare, pour l'arrachage et la mise en faisceaux, 15 à 16 fr.

Le battage du pavot œillette est payé à raison de 1 fr. 25 à 1 fr. 50 l'hectolitre.

B. *La récolte du pavot aveugle* est beaucoup plus simple. Quand les pieds sont arrivés à maturité on les coupe ou on les arrache sans aucune précaution, on les lie en bottes et on les met en tas. Aussitôt que toutes les têtes sont sèches, on les rentre à la ferme, après avoir retranché, comme le dit Thaër, tout ce que l'on peut de la partie inférieure des tiges, et on les entasse dans des bâtiments secs et aérés

(1) *Cours complet d'agriculture*, t. XV, p. 115.

où on peut les conserver pendant plusieurs mois.

Pour procéder à l'extraction des graines, opération que l'on peut réserver pour les mauvais jours de l'automne et de l'hiver, et faire exécuter par des femmes ou des hommes âgés, on ouvre les capsules à l'aide de la main ou d'un couteau, et on les secoue dans une caisse ou dans un panier garni intérieurement d'une toile. Schwerz ne veut pas que ces capsules soient soumises à un battage, parce qu'il est difficile, dit-il, de séparer les parties terreuses qui se trouvent mêlées à la graine [1]. Cette recommandation n'a aucune valeur, et MM. Leclerc-Thouin et Vilmorin ont eu raison d'engager les cultivateurs à soumettre les têtes de cette variété au battage au fléau [2], méthode expéditive et qui n'a aucun inconvénient si on possède les ustensiles nécessaires pour nettoyer la graine.

C. *Le pavot blanc* étant principalement cultivé pour ses têtes, il est utile de ne pas laisser celles-ci trop longtemps sur pied ; car, lorsqu'elles sont mûres et qu'il survient alors des pluies, elles prennent une teinte brunâtre ou se couvrent çà et là de taches brunes ou noires. Les capsules qui ont été ainsi altérées perdent beaucoup de leur valeur commerciale.

Au fur et à mesure que les têtes mûrissent on les coupe, en ayant soin de leur laisser une portion des tiges qui les portent, longue de $0^{m}.20$ à $0^{m}.30$; on les réunit en *glanes* ou

(1) *Assolements et culture de l'Alsace*, p. 293.

(2) *Maison rustique du dix-neuvième siècle*, t. II,

paquets de 200, et on les suspend dans des greniers à l'abri des souris et des rats. C'est lorsqu'elles sont complétement sèches qu'on les livre au commerce.

Les têtes les plus estimées par le commerce sont celles qui ont une forme ronde. C'est par erreur que l'on dit que celles oblongues sont employées de préférence en médecine; on n'utilise ces têtes qu'à défaut d'autres, et dans le commerce elles se vendent difficilement.

La *glane* se vend ordinairement comme suit:

Les grosses têtes.......	3 fr.
Les têtes moyennes.....	2
Les petites têtes........	1

11° *Conservation et nettoiement des graines.*

En arrivant à la ferme, les graines d'œillette ordinaire doivent être conduites dans un grenier où on les étend aussitôt en une couche de $0^m.15$ à $0^m.25$ d'épaisseur. On ne doit pas les réunir en couche plus épaisse dans la crainte qu'elles ne s'échauffent et qu'elles ne perdent de leur qualité. Leur réunion en tas volumineux ne peut avoir lieu que quand elles sont entièrement sèches. Ces graines sont ensuite remuées une ou deux fois par semaine, selon leur degré de siccité.

Lorsqu'elles sont sèches ou qu'elles doivent être vendues, on les soumet à l'action d'un crible dont les trous sont un peu plus grands que leur diamètre. Cette opération a pour but de les séparer des débris de feuilles, de tiges et de capsules qui y sont mêlés et qui restent sur la peau ou sur la toile métallique du crible.

La graine, qui a passé à travers les trous ou les mailles du crible, n'est pas définitivement nettoyée, car elle retient ordinairement une certaine quantité de poussière. Pour la séparer de celle-ci il faut la tararer. A défaut de tarare on peut se servir d'un van. Quand on emploie le tarare, il faut adapter à l'auget la passoire la plus fine et tourner la manivelle plus vivement que s'il était question de nettoyer des graines de seigle, parce que celles de pavot, à cause de leur finesse, traversent les grillages très-rapidement.

La graine de pavot est bien nettoyée quand elle est exempte de débris de la plante qui l'a produite et de poussière ou de terre.

Si la graine devait être conservée en magasin pendant plusieurs mois, il faudrait de temps à autre, tous les mois par exemple, la soumettre à un tararage, afin d'empêcher les mites de l'attaquer et de s'y multiplier.

Un hectolitre de graine de pavot œillette bien nettoyée pèse 60 à 62 kilogrammes. Le pavot blanc pèse de 58 à 60 kilogr.

On a proposé de laisser la graine dans les sacs dans lesquels on la met après le battage. Ce moyen ne doit pas être adopté, car la graine peut se détériorer en s'échauffant.

12° *Rendement en grains et en tiges.*

Le produit du pavot œillette varie suivant la nature, la fertilité et surtout la propreté du sol et le mode de culture. On obtient par hectare, suivant

	Hectolitres.
Cordier, en Flandre............	18
Rendu, —	20 à 30
Thiriot, en Lorraine...........	20 à 25
Schwerz, en Alsace...........	20 à 25
V. Albroeck, en Belgique.......	16 à 17
Bonnet, en Provence..........	24 à 25

A Grignon on a obtenu comme produit moyen 16^{h}.80. Le produit maximum a été de 20^{h}10, et celui minimum de 12^{h}50. M. Dailly a récolté à Trappes, en 1820, sur 9 hectares, un produit moyen de 18 hectolitres.

Mathieu de Dombasle a obtenu 14^{h}50 de pavot blanc par hectare ; M. Gaujac en a récolté 13^{h}12 sur la même superficie.

Suivant M. de Gasparin, 100 kilog. de graines sont produits par 256 kilog. de tiges. Pour la même quantité de graines, M. Dailly en a obtenu 233 kil. ; à Grignon, la récolte des tiges a été de 165 kilog. MM. Girardin et Dubreuil portent cette même quantité à 227 kilog. En supputant un rendement de 20 hectolitres par hectare, on pourrait donc compter, en supposant sur la moyenne de ces produits, qui est 220 kilog., un rendement en tiges de 2,664 kilog. ou 446 bottes de 6 kilog. par hectare.

Le poids de l'hectolitre a été apprécié d'une manière variable : M. de Gasparin dit qu'il varie de 55 a 62 kilog. ; Burger, de 60 a 76 kilog. ; Dubrunfaut, de 58 a 61 kilog. ; Bonnet, de 80 kilogr., etc. Les chiffres donnés par Dubrunfaut et M. de Gasparin sont ceux qu'il faut regarder comme les plus exacts.

La graine de pavot œillette se vend de 25 à 32 fr. l'hectolitre.

13° *Quantité d'huile contenue dans les graines.*

La graine de pavot est très-riche en huile; elle en renferme, quand elle est sèche, suivant M. Moride de Nantes, 43 pour 100. Toutefois, en fabrique, elle n'en fournit que 28 à 35 pour 100. On obtient, suivant MM.

	Par 100 kilog.	Par hectol.
De Gasparin.....	35 kilogr.	20 kilogr.
Moll............	35 —	25 —
Schwerz........	39 —	22 —
Payen...........	31 —	25 —
Bonnet..........	30 —	" —
Moyenne....	34 kilogr.	23 kilogr.

La graine de pavot blanc paraît contenir plus d'huile. Ainsi elle a donné, suivant MM.

	Par 100 kilogr.	Par hectol.
Mathieu de Dombasle..	39	26
Gaujac...............	46	"

Un litre d'huile de pavot œillette pèse 0^k924.

Lorsque cette huile a été extraite à froid, elle est très-fluide; sa saveur est douce, agréable, et rappelle un peu celle de la noisette; son odeur est à peine sensible, et sa couleur est légèrement citrine; elle supporte 12 à 15° de froid sans se figer, et n'a aucune tendance à la rancidité. Cette huile est très-édule et la meilleure après celle d'olive. On la désigne dans le commerce sous le nom d'*huile blanche*.

Quand elle a été fabriquée à chaud, elle a une couleur jaune brunâtre et est très-siccative. On l'emploie dans la peinture, l'éclairage, la fabrication du savon, et on lui donne le nom d'*huile rousse*.

L'huile blanche d'œillette se vend de 120 à 140 fr. les 100 kilog.

14° *Nature et propriété du tourteau.*

En fabrication, on obtient ordinairement pour 100 de graines de 50 à 55 de tourteau d'œillette. Ce résidu est grisâtre et aussi friable que celui de colza. D'après MM. Soubeiran et Girardin, il contient

Huile	14.2
Matières organiques..	62.3
Sels minéraux.......	12.5
Eau................	11.0
	100.00

Il renferme, d'après ces observateurs, 7 pour 100 d'azote à l'état normal, et il est, sous ce rapport, le plus riche des tourteaux.

Son prix varie entre 10 et 14 fr. les 100 kilogrammes.

15° *Emploi des tiges de pavot.*

Les tiges de pavot peuvent être utilisées comme combustible dans les foyers ou pour chauffer les fours; elles brûlent facilement et donnent une flamme ardente, mais un peu passagère.

On peut aussi les employer pour couvrir les meules de grains ou comme matières excipientes dans les vacheries ou les bouveries, ou bien les répandre dans les cours de fermes pour qu'elles y soient brisées et imprégnées d'humidité, et qu'on puisse ensuite les mêler aux fumiers.

On a proposé de les donner comme aliment aux bêtes à laine; il n'a pas été bien démontré qu'elles fussent alimentaires et qu'on pût avec sécurité les leur administrer.

Ces tiges se vendent de 10 à 12 fr. les 100 bottes de 6 à 8 kilogrammes.

FIN.

TABLE DES MATIÈRES.

Pages.

1. Historique.......................... 1
2. Variétés cultivées.......................... 4
3. Mode de végétation.......................... 11
4. Conditions climatériques.......................... 12
5. Nature et préparation du sol.......................... 13
6. Fertilité du sol et engrais nécessaires.......................... 14
7. Semailles ; époque, quantité de graines et exécution.......................... 17
8. Culture d'entretien, binages et éclaircissages.......................... 23
9. Animaux et agents atmosphériques nuisibles.......................... 25
10. Récolte ; époque et mode d'opération.......................... 26
11. Conservation et nettoiement des graines.......................... 36
12. Rendement en graines et en tiges.......................... 37
13. Quantité d'huile contenue dans les graines.......................... 39
14. Nature et propriété du tourteau.......................... 40
15. Emploi des tiges de pavot.......................... 40

TABLE DES FIGURES.

1. Plante de pavot œillette.......................... [illegible]
2. Coupe d'une capsule de pavot œillette, de grandeur naturelle.......................... 6
3. Fleur de pavot œillette ordinaire, réduite à la moitié de sa grandeur naturelle.......................... 7
4. Capsule de pavot œillette, de grandeur naturelle.......................... 8
5. Capsule de pavot blanc, de grandeur naturelle.......................... 10
6. Cotylédons du pavot, de grandeur naturelle.......................... 11
7. Bouteille servant à répandre les graines dans les rayons.......................... 19

Pages.
8. Herbe milanaise, ou herse formée de branches d'épine blanche........................ 20
9. Semoir à brouette de Dombasle. Élévation.... 21
10. — — — Plan........ 22
11. Battage du pavot œillette ordinaire........... 31
12. Civière à colza................................. 33

FIN

www.ingramcontent.com/pod-product-compliance
Ingram Content Group UK Ltd.
Pitfield, Milton Keynes, MK11 3LW, UK
UKHW021951260726
13994UKWH00004B/1674

9 782329 342009